"画里有话"动物疫病防控科普知识讲堂

布鲁氏菌病防控

科普知识

农业农村部畜牧兽医局
中国动物卫生与流行病学中心

U0687594

中国农业出版社
北　京

布鲁氏菌病防控科普知识
编写人员

主　　编　孙　研

副 主 编　张秀娟

编　　者　（按姓氏笔画排序）

王永玲　王楷宬　朱　琳　张喜悦　范伟兴

林湛椰　周宏鹏　高向向　康京丽

主　　审　刁新育　黄保续　刘德萍　侯玉慧

出品单位　农业农村部畜牧兽医局

中国动物卫生与流行病学中心

　　布鲁氏菌病，简称"布病"，是由布鲁氏菌属细菌侵入机体引起的人兽共患传染病。本病可侵害猪、狗、牛、羊、鹿、骆驼等动物，更威胁着人类的健康。人的布病又称为"懒汉病""蔫巴病""千日病"。

布病传播范围非常广，170多个国家和地区发生过该病。在我国，布病危害最严重时期出现在20世纪50—60年代，在一些感染严重的牧区，有半数的人畜患病。

　　为了防控该病，国家制定并实施有关措施，在20世纪90年代使布病疫情降到历史最低水平。布鲁氏菌十分顽固，近年来，随着畜牧业发展和贸易流通扩大，布病又开始"卷土重来"，在侵害动物的同时，严重威胁着人类的健康。

感染布病后的临床症状

动物和人有不同表现。

3

动物感染布病后，潜伏期为14～180天。怀孕母畜容易流产，引发子宫内膜炎。患病公畜常出现睾丸炎、附睾炎和关节炎等症状，影响生育，甚至能传染给同群母畜。

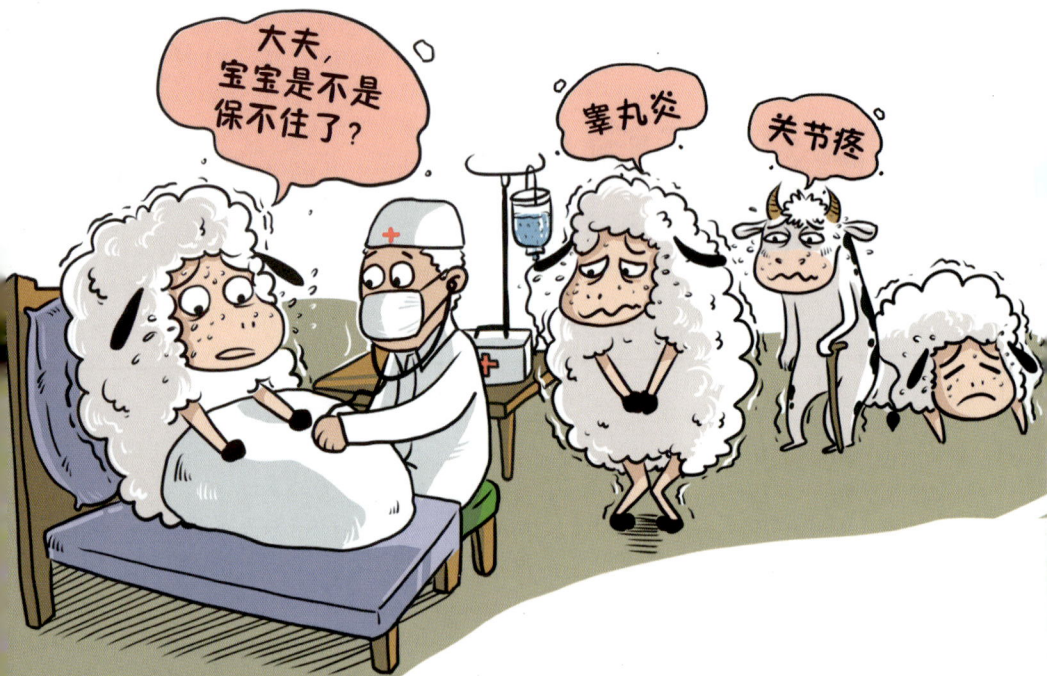

人感染布病后，通常1～3周才会出现症状，也有部分患者几个月甚至一年后才发病。感染者主要表现为发热，呈现波浪热、多汗、浑身没劲、关节和肌肉疼痛、尿频等症状。

此外，该病还可能会导致患性能力低下，劳动能力低下，甚至丧失劳动能力，因此患者要及时诊治。

布病传播途径

布鲁氏菌可通过奶、精液、阴道分泌物，特别是流产物等传染。

带菌母畜生产时，排出的胎儿、羊水、胎衣是最危险的传染源。布鲁氏菌可以通过生殖道、呼吸道、消化道黏膜及皮肤黏膜等多种途径感染动物。人可通过直接或间接接触病死动物、病菌污染物、流产物或食入生鲜乳等病畜产品而感染，也可以通过吸入污染的气溶胶而感染。

感染布病的怀孕牛羊，其流产物或者仔畜携带有大量布鲁氏菌，这些细菌可通过人体的消化道、呼吸道，甚至健康皮肤进入人体内感染接触者。因此从事畜牧生产的工作人员，在给动物接生或处理流产物，以及屠宰、剪毛时，一定要戴手套、口罩。

市场上常有商贩牵着牛、羊售卖现挤的乳制品，若这只牛或羊患有布鲁氏菌病，现挤的乳品没有充分煮沸消毒，人饮用后也会把细菌喝到肚子里，从而感染布病。

易感人群

与牛羊养殖、生产密切接触的人员感染布鲁氏菌病的概率最高。

　　布病感染者主要是与牛羊养殖、生产密切接触的人员，如牛羊饲养人员、屠宰加工人员、兽医和检疫员等职业人群，这些人的感染概率最高。近年来，随着人们消费模式、生活方式的改变，布病患者分布范围越来越广，除了农牧区从业人群外，城区人群的感染风险有增加趋势。

如何防范和控制

　　人与人之间传染布病的可能性微乎其微，被动物感染最常见。因此，抓好源头是关键。

第一，购买家畜必须经过检疫，确保家畜没有布病。

引种、补栏、贩运、屠宰或利用牛、羊进行试验研究时，首先要看这批牛、羊有无动物卫生监督机构出具的检疫证明。如果没有，这批动物就存在感染风险。

第二，国家针对布病制定了专门的控制计划，养殖家畜必须进行定期检测，实施布病剔除净化。

一是定期对畜群实施抽血检测，查看是否感染了布病。

二是对感染动物实施扑杀和无害化处理，消灭病原菌。

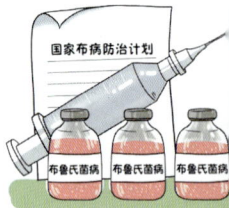

三是在布病流行重地区实施免疫政策，防止牛、羊感染布病。

对养殖场饲养圈舍要经常清扫、定期消毒

四是对养殖场实施定期消毒，饲养圈舍要经常清扫，容易沾染病菌的东西要经常清洗消毒，家畜粪便要堆积发酵。

家畜出现大面积流产时，养殖者要及时向当地兽医部门报告；对于兽医部门确诊感染布病的，要配合做好处置措施。

生活中接触牛、羊等家畜的人员，都需要了解一些防疫知识，养成良好的卫生习惯。日常工作要穿好工作服，戴好口罩和手套，收工时将手洗净。

特别是给羊只接生时，必须戴好口罩、手套，严禁徒手接生，接生后，要洗手并进行消毒。

　　参观访问、旅游观光人员，必须遵守养殖场所的防疫制度，不要随便近距离、亲密接触牛、羊、鹿。接触后，要采取洗手、换洗衣物等卫生措施。

作为消费者，不要饮用未经消毒杀菌的乳制品，牛、羊乳一定要煮沸后再喝，生熟案板要分开，牛羊肉煮熟、烤熟后再吃。

未经消毒的乳一定要煮沸后再喝！而且病死的牛、羊肉千万不能买！

哦！

对那些未经检疫或来路不明的牛肉、羊肉、病死畜的肉，必须坚决做到不买、不吃、不接触，更不能卖给别人。

人一旦确诊感染布病，需遵循"早发现、早治疗"的原则，切不可拖成慢性病，否则后果很严重。

普通感冒、风湿热、风湿性关节炎也会有发热、多汗、关节肌肉痛的症状出现，如果近期接触过牛、羊，则一定要警惕起来，不要误以为只是寻常疾病，从而耽误最佳治疗期。

图书在版编目（CIP）数据

布鲁氏菌病防控科普知识 / 农业农村部畜牧兽医局，
中国动物卫生与流行病学中心. — 北京：中国农业出
版社，2019.4

（"画里有话"动物疫病防控科普知识讲堂）

ISBN 978-7-109-25233-2

Ⅰ. ①布… Ⅱ. ①农… ②中… Ⅲ. ①布鲁氏菌病－防治
Ⅳ. ①R516.7

中国版本图书馆CIP数据核字(2019)第022966号

中国农业出版社出版

（北京市朝阳区麦子店街18号楼）

（邮政编码 100125）

责任编辑　张艳晶

中国农业出版社印刷厂印刷　　新华书店北京发行所发行

2019年4月第1版　　2019年4月北京第1次印刷

开本：710mm×1000mm　1/24　　印张：1

字数：50千字　　印数：1～12 000册

定价：10.00元

（凡本版图书出现印刷、装订错误，请向出版社发行部调换）